Ueber
den Bauerstand
und über
seine Stellvertretung im Staate,

von

E. M. Arndt.

Berlin,
in der Realschulbuchhandlung.
1815.

Bei dem allgemeinen Streben des Zeitalters zu neuen Einrichtungen und Verfassungen, das sich selbst in den Ländern zeigt, welche Jahrhunderte verschlafen zu haben scheinen, ja bei der inneren und äußeren Nothwendigkeit der Welt, sich aus den Trümmern, die nicht erst in diesem jüngstverflossenen Jahrhundert zusammengefallen sind, neu zu gestalten und wiederaufzubauen, wird über einen so wichtigen, ja über den wichtigsten, Gegenstand der Völker natürlich viel gedacht gesprochen gestritten und geschrieben, und wie die Bedürfnisse Verhältnisse Neigungen und Triebe der Völker die verschiedensten sind, so müssen auch die Meinungen und Ansichten darüber sehr verschieden seyn. Auch der Vortheil der besonderen Stände, der einander gegenüber steht und der seiner Natur nach geblendet nur immer das Eigene und Einzelne sieht und das Fremde oder das Ganze schwer anerkennt, vermehrt diese Verschiedenheit noch, und allein durch freie Untersuchung und gesetzlichen Wettstreit kann ihm der Staar gestochen werden. Der Gott des Goldes, Plutus, bleibt ewig blind, weil er verdammt ist, in seiner einsamen Finsterniß zu wohnen und dort seine Schätze anzublinzeln. Wer das Fremde wahrnehmen kann, erkennt auch das Eigene recht; durch den Umgang mit Andern lernen wir uns selbst erkennen. Alle Erkenntniß führt ihrer Natur nach zur Mäßigkeit Gerechtigkeit und Frömmigkeit: erst wann jeder Stand seine Vortheile gegen die Vortheile seiner Mitstände gewogen hat, erst wann er dieselben als seines Gleichen erkannt und anerkannt hat, erst dann entsteht ein gesetzlicher gerechter und gottseliger Staat.

Weil Ordnung und Gesetz und Bild Gottes und Mensch nur Ein Begriff sind, so haben alle edle und freie Völker von jeher geglaubt, daß über Verfassungen und Gesetzgebungen gedacht und geurtheilt werden dürfe und müsse, und am meisten nach der Freiheit der Fragen und Untersuchungen über diese große Sache ist die Freiheit und das Glück der Völker gemessen worden. Und wenn man die Erfahrung fragt, so ist dieser Glücks- und Freiheitsmesser meistens richtig befunden worden. Diese große Wahrheit ist so allgemein anerkannt und spricht sich so gewaltig aus, daß diejenigen Völker, welchen der freie Gedanke und die freie Rede fehlte, nicht einmal eine Geschichte haben. Denn durch die Rede beurkundet der Mensch die Hoheit seiner Natur und seinen Ursprung von den Gestirnen; durch die Rede steht er über den Thieren und dem engen Kreise ihres Wirkens und Vernehmens; durch die Rede und durch das Wort, den Ausbruch geistiger Würde und geistiger Liebe, überwindet er die Wildheit und die Leidenschaftlichkeit, die in ihm ärger wüthet, als in der reißendsten Bestie der Wüste, wenn die Milde der Gedanken und Gefühle, welche die gesellige Mittheilung gebiehrt, sie nicht beruhigt, wenn ein tiefer rinnender Strom des Stolzes oder der Liebe sie nicht ableitet. Wo diese Würde des Menschengeschlechts sich aus der Rohheit entwickelt hat, da allein ist es Licht geworden, und Licht hat wieder Licht gebohren, und so ist die Reihe der Jahrhunderte fortgezeugt worden, und nach menschlichen Thaten und Werken hat man die Zeit messen können; denn Geburt und Tod schaffen keine Zeit, sondern nur das, was als das Unvergängliche, als das eigentlich Menschliche die weiten Räume füllt, die ohne Menschenthat und Menschenwerk als eine ewig öde Wüste liegen würden. Die Griechen und Römer haben auch darum verdient, die meisten Völker in der Geschichte zu überleben, weil sie die stolzesten und freiesten waren und die muthigen und fröhlichen Geister spielen ließen; nach ihnen werden in der späteren Zeit als Welterbauer und Weltbildner die Germanen genannt, weil Gesetzlichkeit und Freiheit ihnen so hohe Güter däuchten, daß das Leben ohne sie kein Leben mehr schien; unter den germanischen Völkern der jetzigen Zeit heißen die Engländer und Schweden darum die ersten und stolzesten Bürger, weil Wort und Gedanke bei ihnen die freiesten sind, und weil man in England und Schweden das nicht fürchtet, was von jeher alle große Völker und Staaten erbaut und belebt hat und was allein von der Ungerechtigkeit und Tyrannei gefürchtet werden sollte.

Vor funfzig, ja noch vor dreißig Jahren wußte man in Europa wenig von dieser Furcht, welche jetzt in den meisten Ländern mit gespenstischen Hirngespinsten ficht und sich abängstigt: die Menschen waren damals sehr glücklich in Hinsicht der geistigen Freiheit. Alle Regierungen, und allen voran der von Ruhm und Majestät strahlende Führer jenes Zeitalters, der große Friederich von Preussen, fingen an dem Grundsatze zu gehorchen, daß man dem Menschen, dessen irdisches Leben voll Mühe und Noth ist, das himmlische Leben nicht verkümmern dürfe, daß ihm die Sonnenbahn des Geistes so ungesperrt bleiben müsse, als dem Vogel die Lüfte offen sind: sie ließen die Gedanken und Worte frei fliegen wie die Vögel des Himmels. Bald nach des großen Friederichs Tode aber begannen jene Gährungen und Unruhen, aus welchen die französische Umwälzung als die gewaltigste Erscheinung der Zeit mit allen ihren Schrecken hervorgesprungen ist. Es läßt sich nicht leugnen, daß die Federn der Schriftsteller für dieselbe und in derselben mitgewirkt haben; aber mit Recht würde man den auslachen, der uns einbilden wollte, diese fürchterliche Erschütterung und Umkehrung könne allein aus dem Uebermuth und der Verruchtheit der Schriftsteller erklärt werden, da sie doch des allgemeinen Uebermuthes und der allgemeinen Verruchtheit, woran das Zeitalter krankte, nur ein Theil waren. Doch hat es an Behauptern und Beschuldigern dieser Art nicht gefehlt, von jenen Menschen, welche die Geschichte nicht kennen und nicht wissen, wie Staaten und Regierungen entstehen und vergehen. Denn alle Staaten vergehen auf zweierlei Weise: entweder sterben sie hin in einer langsamen Auszehrung, in einer innerlichen Verfaulung durch Laster und Despotismus, oder sie werden zersprengt durch eine äußerliche Wildheit im Uebermuth und Taumel einer Freiheit, welche, mit wie gleißenden Namen man sie auch umhange, doch nur eine andere

Art Despotismus ist. Diese Beschuldiger und Behaupter sind gradezu als Freunde der Finsterniß und Feinde des Lichts aufgetreten, sie haben den menschlichen Geist als einen Verbrecher angeklagt, dessen Natur es sey zu freveln, sie haben die fürchterliche Lehre, die uns zur dummen Thierheit verdammen würde, aufgestellt, es sey nichts verderblicher als Freiheit der Gedanken: jener schöne Vogel, der einst aus der Büchse der Pandora flog, sey kein anderer Vogel gewesen als geistige Beweglichkeit und geistige Unruhe; dieser wilde Vogel habe auch das jüngste Unheil und Unglück in die Welt gebracht, und man müsse alle mögliche Netze und Schlingen aufstellen, um ihn wieder einzufangen, und, wann er eingefangen sey, müsse man den Deckel so fest über ihn zuschlagen, daß er nimmer wieder seine Flügel gebrauchen lerne.

Auch muß man so billig seyn, zu gestehen, daß es dieser Lehre nicht an vieler Scheinbarkeit gefehlt hat. Die französische Umwälzung hatte alle Menschen und Dinge aus ihren Fugen getrieben, und alle wildesten Kräfte und Elemente überboten sich gleichsam, es in Frevel uud Ruchlosigkeit einander zuvor zu thun. Da geschah es denn auch, daß die Geister ohne Zaum und Gebiß der Sitte und Zucht sich gleich wilden Rossen in die von Blut und Staub bedeckte Rennbahn stürzten und zügellos und steuerlos durchgingen. Man kann es nicht leugnen, daß die Schreibfedern viel Unfug getrieben haben in den letzten hundert Jahren; aber man soll darüber auch die wohlthätigen Wirkungen nicht vergessen, die sie auf das menschliche Geschlecht gehabt haben: in manchen Ländern waren sie die einzigen Vertreter des Volks, die einzige Waffe der Unterdrückten und der einzige Zügel der Uebermüthigen. Wo der Geist wirklich frei ist, wo die Gedanken sich im wirklich ritterlichen Wettspiele der Kräfte tummeln und turnen dürfen, da heilt das Geschoß auch, welches verwundet, da liegt neben dem Gifte immer das Gegengift. Aber in den letzten fünfundzwanzig Jahren haben die Schreibfedern allerdings häufig auf das verderblichste gewirkt; aber nicht, weil sie ihrer Natur noch nothwendig so wirken müssen, sondern weil sie im Knechtsdienste standen, weil sie nicht frei waren: neben allem Sklavischen und Unfreien liegt immer der Uebermuth und das Verderben. Sie wurden lange Zeit allein für Eine blutige und tyrannische Parthei gebraucht, die in allem Wechsel ihrer Führer und Personen sich in ihren Grundsätzen immer gleich blieb, da ihr einziger Grundsatz war, keine Grundsätze zu haben. Alle Gedanken und Worte und Winke, welche dieser Parthei entgegenwirken wollten, waren geächtet. Auf dieselbe Weise hat die letzte Kaiserregierung in Frankreich sie für sich selbst gebraucht. Nie hat eine Regierung thätiger und hinterlistiger, als die jüngst gefallene, darauf hingearbeitet, durch Misbrauch, den sie mit dem Heiligthum der Völker, mit der Presse, trieb, alle menschlichen Gedanken und Gefühle zu verwirren und die ewigen Lehren der Geschichte und Politik zu verdunkeln und auszulöschen: sie ließ aus hunderttausend Posaunen für sich blasen, und fand Knechtsgemüther genug, welche auch umsonst die Lungen für sie anstrengten; allen freien Münden aber wehrte sie den Gebrauch des Denkens und Redens, ja fast des Athmens. Weil nun die Franzosen durch die Bildung des Zeitalters, mehr noch durch die Gaukeleien von einer nie gesehenen Freiheit und Gleichheit und durch die Gewalt der Waffen das große Wort hatten, so ward auch in andern Ländern, theils aus befangener Meinung und Neigung theils auch aus Eitelkeit nicht schlechter scheinen zu wollen als die Ersten der Zeit, vielfältig gesündigt. Die meisten aber gingen in der Irre, weil sie in der allgemeinen Verwirrung Europas nicht hatten, woran sie sich halten und regeln konnten: sie haben mehr gefehlt aus Unverstand als aus bösem Willen; sie sind mit den übrigen Zeitgenossen mehr bethört und betäubt gewesen, als daß sie — wie viele sie angeklagt haben — mit bewußter Bosheit und Arglist auf das Ziel hingesteuert hätten: alle bürgerliche Ordnung umzukehren und alle Thronen und Herrschaften umzustürzen. In einer Zeit des Unglücks und der Zwietracht, bei einer allgemeinen Ueberstürzung und Zerstörung aller Verhältnisse, wie viele Jahrhunderte sie nicht gesehen hatten, verloren die unglücklichen Sterblichen, welche für diese herbe und blutige Prüfungszeit gebohren waren, fast das Gefühl und den Begriff alles Maaßes und Gesetzes: es hätte nur noch dreißig Jahre bedurft, wie die letzten zehen waren, die wir unter Angst und Schrecken durchlebt haben, und die Verdunkelung der Gerechtigkeit und Wahrheit würde sich in ihren Folgen und Wirkungen auf eine furchtbare Weise offenbart haben. In solchen Tagen konnte es nicht fehlen, daß selbst das zu Gift ward, was die edelsten und weisesten Männer aller Zeiten als das Unterpfand der Herrlichkeit der Völker und als den schönsten Preis, wodurch die Trajane und Gustave und Friederiche unsterblich geworden sind, angesehen und geehrt haben. Wilde und verworrene Bösewichter und ein eiserner Tyrann, der weder seine Zeit noch die Zeiten verstand und der also durch Schrecken und Dummheit herrschen wollte, haben das edelste und höchste Gut der Völker vielen Kurzsichtigen verdächtig gemacht. Durch den scheußlichen Misbrauch ist Furcht vor der Freiheit der Gedanken entstanden, weil diese Freiheit wirklich nicht da war. Ist sie da, so schlägt ein Bliß in den andern und löscht die verderbliche Flamme, ein Schwerdt hält das andere in der Scheide, und mit Freuden wird dann gelobt, was sonst gerechten Tadel verdiente.

Die fürchterliche Wellenbrandung der verflossenen beiden Jahrzehende, welche uns und unser Leben und unsere Gedanken und Gefühle auf eine so wilde Weise umgeschüttelt hat, beginnt sich zu besänftigen; schon fließen die Ströme in ruhigeren Ufern, und der europäische Ocean mag, ehe wir hinnen scheiden, noch einmal wieder als eine heitere Spiegelfläche vor unsern Blicken liegen; zwar haben alle Stürme noch nicht ausgeblasen, aber sie werden nicht mehr als Orkane wehen. Wir waren alle in eine Art Revolutionsstand versetzt und rannten blind und taub unter einander und gegen einander; es geschah in Europa, was in Feuer- und Wassernöthen geschieht, wo selbst das Stilleste und Abgelebteste, wenn es nicht untergehen will, mit in das wilde Getümmel hinein muß: wer konnte in solcher grausenvollen und getümmelvollen Zeit mäßig und ruhig bleiben und die Dinge mit Mäßigkeit und Ruhe betrachten?

Wann die Welt wieder ruhiger wird, werden auch wir ruhiger werden und heiterer und fröhlicher aus uns herausblicken und die Dinge anschauen und darstellen können. Dann wird vieles, was uns groß däuchte, als eine kindische Thorheit erscheinen, und wir werden, wo wir das Meiste beweinen müssen, auch Einiges belächeln müssen; über aller unserer Narrheit und unserm Elende aber wird für die Nachkommen der warnende Spruch stehen: Gerecht ist Gott.

Diese Worte mögen hingenommen werden als eine kleine Erklärung, für die Schwachen allenfalls auch als eine kleine Entschuldigung, wiewohl unser Herz sich bei dieser Schreiberei ganz unschuldig fühlt. Was wir behandeln und worüber wir uns unterhalten wollen, ist der Art und Natur, daß wir damit gar nicht anstoßen können. Es betrifft nichts Einzelnes noch einen Einzelnen, sondern das Allgemeine und die Vielen; es ist nichts, wodurch der Zorn gereizt und die Eitelkeit verletzt werden könnte; es ist nichts Neues sondern das Aelteste, es ist nichts Erfundenes sondern etwas Bestehendes, es ist nichts Unlöbliches und Unerlaubtes sondern etwas Verehrliches und Anerkanntes. Ich will hier einige leichte Bemerkungen und Betrachtungen niederlegen über den ehrwürdigen Bauerstand und über seine Vertretung und Darstellung im Staate. Diese Worte werden unverfänglich und unbedenklich seyn in jedem teutschen Lande, am unverfänglichsten aber und unbedenklichsten in dem Lande, dessen Herrscher von jeher Freunde und Beschirmer des Bauerstandes gewesen sind und dessen gegenwärtiger Herrscher, König Friedrich Wilhelm der Dritte, die letzten unwürdigen Bande desselben zerbrochen und ihm in der That schon die Ehre und das Recht verliehen hat, von seines Gleichen vertreten und dargestellt zu werden. Preußens und Brandenburgs Kurfürsten und Könige haben immer den Adel geehrt und den Bauer beschützt; sie haben auch in den schwersten und gefährlichsten Verhältnissen, in Untergung drohenden Bedrängnissen die Gerechtigkeit und die öffentliche Treue lieber gehabt, als eine unwürdige Sicherheit oder als eine Untreue, die sich mit der Noth entschuldigt; und deswegen sind sie bestanden im Sturme der Zeiten und deswegen hat sich unter ihrem Scepter das tapfere und stolze Volk gebildet, das eher vertilgt als bezwungen werden kann.

Wenn diese unten stehenden Worte für die Bauern geschrieben scheinen, so wolle man sie darum doch nicht als eine Partheischrift für sie ansehen. Partheischrift kann nur genannt werden, was von einem Partheiischen geschrieben ist und was in Ton und Ansicht Partheilichkeit verräth, was mit kleinlichen und hinterlistigen Advokatenkünsten die Gesichtspunkte verrückt oder umkehrt, die verschiedensten Verhältnisse und Vortheile unter einander verwirrt, und dasjenige vorzüglich ins Licht stellt, was der Einseitigkeit des Vorurtheils oder des Eigennutzes dienen kann. Wir bedürfen solcher listigen Nichtigkeit nicht; wir handeln von einer natürlich gerechten Sache und von natürlichen und nothwendigen Verhältnissen und aus ihnen entspringenden Rechten: wo die Sache und die Menschen für sich selbst sprechen, da wäre die eitle Kunst übel angewandt. Wir ehren den Adel, wir achten den Bürger, wir gönnen und wünschen einem jeden den vollen und fröhlichen Genuß seiner Rechte; deswegen dürfen wir den Bauer lieben und die Liebe zu ihm bekennen. Denn wie könnte die Großen ehren, wer die Kleinen nicht liebt? Unser Weg ist übrigens kein neblichter und erdachter, sondern ein heller und ein wirklicher: wir gehen an der Geschichte und Erfahrung hin, und hoffen, dort am wenigsten den Irrthümern und der Spiegelfechterei mit Begriffen preisgegeben zu seyn.

Es ist überflüssig, hier weit auszuholen, um zu beweisen, welche Bedeutung und Würde der Bauerstand hat, wie der Bauer der rechte und eigentliche Träger und Erhalter des Staates ist, wie das Eisen, das als Pflug die Erde schneidet und als Schwert dem Feinde wehrt, in der Hand des Bauers das edelste und mächtigste aller Geräthe ist, wie der Bauer das Urbild des tüchtigen treuen und wahren Menschen am kräftigsten in sich abgedruckt trägt, wie in den Hütten des Bauers die ersten Tugenden des Menschengeschlechts, Stärke Einfalt Redlichkeit Frömmigkeit und Tapferkeit, am treuesten und reinsten erhalten und gepflegt werden. So alt die Geschichte ist, spricht sie es auf die klarste und tausendfältigste Weise aus, daß ein Volk immer in dem Maaße tapfer frei und glücklich war, als es freie und rüstige Bauern hatte. Durch freie Bauern ward im Alterthum Sparta gewaltig im Kriege und durch Tugenden der Mannheit gepriesen; mit freien Bauern, die auf mäßig eingetheiltem Eigenthum wohnten, bezwang Rom einst Italien und dann die Welt: als die Krassus und Lukullus anfingen Schlösser zu bauen und Wildbahnen anzulegen und die Köpfe der Sklaven nach Zehntausenden und Zwanzigtausenden zu zählen, und als die wenigen übrigen freien Landbauern von aus allen Welttheilen hereingeschlepptem Gesindel verdrängt wurden, da war es um Roms Herrlichkeit und Tugend geschehen; mit freien Bauern zerschmetterken Herrmann und Wittekind die stolzen Legionen des Südens, die sie zu unterjochen heran zogen; wie die tapfern Bauern in der Schweiz und Ditmarsen Jahrhunderte lang die Freiheit errungen und behauptet, mit welchem großen Muthe die Bauern Tyrols und Katalaniens in unsern jüngsten Tagen für ihr Recht und ihre Unabhängigkeit gestritten haben, wer weiß das nicht? wegen seiner vielen freien Bauern hat die schwedische und auch die alte norwegische Geschichte den großartigen Karakter, den ihr nur ein einseitiges Urtheil oder völlige Unkunde des germanischen Nordens und seines Lebens und seiner Entwickelung absprechen kann. Was folgt aus diesem allem, oder vielmehr was wollen wir daraus folgern? Das wollen wir daraus folgern, daß, jemehr freie Bauern mit kleinem oder mittelmäßigem Eigenthum in Grundstücken ein Land hat, desto sicherer stärker und wehrhafter ein solches Land ist.

Wie es für das Pflanzenreich nach der verschiedenen Art und Anlage der Gewächse auf hundertfach verschiedene Weise gedeihlichen Boden giebt, wo jeglichem Gewächs nach seiner besonderen Eigenthümlichkeit wohl ist, so findet man freilich etwas Aehnliches auch bei den verschiedenen Völkern und in den verschiedenen Ländern und Himmelstrichen. Durch die verschiedensten Elemente des Reitzes und der Thätigkeit, scheint es, können die Völker ein bedeutendes Ziel von politischer Größe und Macht erstreben. Dies ist unleugbar, aber so viel steht dabei fest, daß sie es höchstens nur unter gewissen besonderen Umständen und für eine gewisse Zeit erstreben, auf die Dauer aber durchaus nicht fest halten können; nie aber können sie, wenn ihnen die ersten nothwendigen Elemente dazu fehlen, das erstreben, was man politische Tugend und geschichtliche Würde nennt: jenen hohen Grad der Entwickelung und Bildung, jenes Lebendige und Schöpferische in Thaten und Werken, was als das höhere Menschthum in dem fluthenden Strom der Zeiten durch die Jahrtausende hindurch oben schwimmen wird. Diese Elemente eines herrlicheren und unvergänglicheren Strebens sind Freiheit und Sicherheit der Personen und des Eigenthums. Auch unter der drückendsten und schreiendsten Willkühr läßt sich auf einige Zeit durch Waffenlärm und Eroberungsglück ein gewisser Glanz gewinnen, aber ein fester und auf ihm selbst gegründeter Staat, ein freudiges lebendiges und würdiges Menschthum und Bürgerthum läßt sich darunter nicht bauen; denn dauernd herrlich ist nur, was aus den Meisten hervorgeht, nicht was aus Einem oder Zweien: auch in Despotenstaaten können einzelne Menschen zuweilen als Meteore aufleuchten und dem Ganzen einen ungewöhnlichen Schwung geben, aber nach ihnen muß nothwendig Nichtigkeit seyn, wie vor ihnen Nichtigkeit war; denn wo kein Volk ist, da kann auch keine Menschlichkeit im höheren Sinne seyn. Nur wo Gerechtigkeit und Ehre und Freude jeden Einzelnen, auch den Kleinsten im Volke, schirmen und beglücken, nur da blühet ein fröhlicher tapferer und tüchtiger Staat, da blühet die Kunst und die Tugend. Nur wo Ein Geist wie eine lebendige Fluth durch alle wehet und strömet und aller Brüste erquickt und erhebt, nur wo alle in allen leben und weben und wo jeder Einzelne als ein Beispiel des Stolzes und des Glückes gezeigt werden kann, wo Recht Besitz und Ehre jeglichem mit gleichem Maaße zugemessen und mit gleicher Sorge beschützt wird, da ist ein Staat ein Volk ein Vaterland, da ist eine rechte unvertilgbare Liebe des Vaterlandes, da ist den Menschen die Erde heilig, worauf sie treten. Das aber kann man als einen ewigen und unvergänglichen Grundsatz aufstellen, der auch von allen weisesten Gesetzgebern erkannt ist, daß, jemehr Menschen unmittelbar in dem Boden ihres Landes als Eigenthümer festgewurzelt stehen, desto stolzer und unerschütterlicher der Staat steht, welcher solche Männer seine Bewohner nennt.

Zwei Elemente giebt es vorzüglich, nicht vorübergehende Reitze oder meteorische Erscheinungen, wie die, worauf wir eben angespielt haben, sondern dauernde Elemente, wodurch Völker und Staaten lange Jahrhunderte hindurch in Herrlichkeit und Ehre bestehen können: sie sind das Gewerb des Pflugs und das Gewerb des Meers.

Jener bewegliche und thätige Geist, der sich in dem ewigen Hin- und Herfluthen des Weltmeers und in seinem wunderbaren wechselnden Steigen und Sinken gleichsam bildlich offenbart, erscheint auch in den Anwohnern des Meeres, in den Bewohnern der Küsten und Inseln. Ich rede hier nicht allein von der Schifffahrt und dem Handel in ihrer großen Bedeutung, von den Reitzen und Trieben, die in ihnen liegen, von der Verbindung durch sie mit der ganzen weiten Welt, von den Kunstfertigkeiten und Kenntnissen und Reichthümern aller Länder und Welttheile, welche dadurch vermittelt und verbreitet werden; ich meine hier nicht allein den Troß und Stolz und die kühne Todesverachtung und das ewig kämpfende und wagende Leben, welche der vertraute Umgang mit dem wildesten und treulosesten aller Elemente und das Schwanken auf unergründlichen Gefahren nothwendig erzeugen muß; nein ich meine recht eigentlich den Athem und das Bild der Natur: ich meine das Meer bloß als Meer. Der Lebensathem, der den Menschen umweht, das Bild der Natur, die ihn umgiebt, alle Durchscheine und Wiederscheine der Elemente, deren äußere Zeichen sich ihm täglich darstellen — alle diese haben eine unvermeidliche Wirkung auf seine Seele und auf seinen Leib. In der Regel zeichnen die Bergbewohner und Küsten- und Inselbewohner sich auch durch leibliche Stärke aus vor den Bewöhnern der Ebenen. Schon dies giebt ihnen eine unbewußte Sicherheit des Daseins, eine gewisse Stattlichkeit und einen Stolz und Troß, welche die auf den Ebenen wohnenden mittelländischen Menschen nicht so haben. Man sage nicht, daß dies bei den Küsten- und Inselbewohnern nicht von den unmittelbaren Einflüssen und Einbildungen (informationes) und Abbildungen der Natur herrühre, sondern von dem Geschäfte und Gewerbe dieser Meeresanwohner. Auch in England, auch an den Küsten Pommerns und Ostfrieslands leben viele Tausende, welche nie als Fischer und Schiffer auf dem unruhigen Elemente des Wassers geschaukelt worden sind, sondern welche in den gleichen und sicheren Arbeiten des Pfluges und der Tenne ihr stilles und bescheidenes Leben in ungestörter Gleichförmigkeit beginnen und enden. Auch in diesen Menschen lebt eine gewisse Freudigkeit und Beweglichkeit, eine gewisse Kühnheit und ein Troß des Daseyns, welche offenbar nicht aus ihrem Geschäfte, sondern aus dem großen Athem und Bilde der Natur gebohren werden, die wieder in ihnen weben und scheinen müssen. Der Mensch muß innerlich und äußerlich dem ähnlich werden, womit er lebt und wovon er umgeben ist.

Auf diese angedeutete Weise, die aber auch nur mehr angedeutet als gezeigt werden kann, wirkt das Meer schon als lebendiges Element und lebendiges Bild auf den Menschen; kräftiger und gewaltiger wirkt es auf ihn durch die Thätigkeiten und Gewerbe, wozu es ihn lockt. Schon in der grauen Zeit unserer Geschichte hat man das Meer die Wiege der Menschlichkeit genannt; man könnte es auch eine Wiege der Freiheit nennen, was sich aber schon von selbst versteht; denn wo keine Freiheit ist, da ist auch keine Menschheit, da herrscht die Thierheit, und nimmer kann dort die Menschheit aufblühen. Am Indus am Ganges am Euphrates am Nilus und an den Küsten, wo diese Ströme hinabfließen, finden wir die ersten Erscheinungen der veredelten Menschheit, das erste höhere geschichtliche Leben von Kunst und Wissenschaft und Gesetz; Tyrus und Miletus waren in den älteren Zeiten einst glänzende Namen; die Männer von Athen und Korcyra und Syrakusä und später die von Venedig und Genua haben Zeiten gehabt, wo sie mit den besten und tapfersten Männern von Sparta und Rom und der Schweitz und mit den einst unbezwinglichen Sachsen und Ditmarsen in Thaten des Heldenthums verglichen werden durften; was soll ich von dem glorreichen sechszehnten und siebenzehnten Jahrhundert der Holländer, was von den tapfern Normännern sprechen, deren Gewerbe größtentheils das Meer ist? was soll ich an Englands Trotz und Macht und an jenen Stolz erinnern, der zu Lande und zu Wasser dem Feinde gleich furchtbar ist? Wo die Sache spricht, da schweige das Wort.

Freien kühnen tapferen Sinn, Tugenden der Mannheit und Reisigkeit zeugt und erhält das Meer und das Gewerb des Meers; herrliche Staaten und Völker sind darauf gegründet und herrliche Künste und Tugenden werden dadurch entwickelt; aber sicherer fußet und bauet sichs auf dem festen Boden des Landes, glücklicher auf die Dauer ist der Mensch, der auf die Aehre und auf den Weinstock und Obstbaum hofft, als wer alles auf den leichten Gewinn der unbeständigen Wellen setzt. Das Meer hat oft geschwinde und goldne Aerndten, aber oft hat es auch gar keine;

deswegen hat man es das ärndtelose, das öde Meer genannt. Aber man hat auch viel von einem freien und allgemeinen Meere gesprochen, man hat behauptet, das Meer könne von niemand in Besitz genommen werden; deswegen seyen alle Ansprüche, die einzelne Völker auf die sogenannte Meeresherrschaft sich unterfangen zu machen, unstatthaft und lächerlich. Freilich kann man auf den leichten Wellen keine Schlösser bauen und keine Schanzen und Wälle aufwerfen, aber von jeher hat es schwimmende Festungen genug gegeben, welche denen, die von einem freien und allen Völkern der Erde mit gleichem Rechte gemeinen und offenen und nichtbesitzergreiflichen Meere viel zu erzählen und zu erweisen wußten, den Weg darauf oft eng und gefährlich genug machten. Die Tyrer Karthager Athener Korcyräer Venediger Genueser Holländer und Engländer haben mit der That den Beweis oft genug geführt, daß auch das Meer in Besitz genommen werden kann. Läßt sich dies nun gleich nicht leugnen, so ist das eben so unleugbar, daß der Besitz des Meeres und das Gewerb des Meeres viel unsicherer und wandelbarer ist, als der Besitz und das Gewerb des nie verlassenden und nie unter den Füßen weggleitenden Erdbodens. Das Meer und seine Herrschaft, der Handel und die Schifffahrt und ihr Weg sind tausend Wechseln und Veränderungen unterworfen, welche das festere Land und seine Geschäfte nicht treffen können. Das Daseyn der Völker, welche ihre Thätigkeit und ihren Trieb auf die Fluthen gestellt haben, steht wie auf Fluthen; nur auf die Erde bauet und trauet sich's sicher. Sieh dich um in der Geschichte, und du bedarfst keiner weiten Beweise und Belege. Tyrus und Karthago sind von dem Erdboden verschwunden, Athen Akragas (Agrigentum, Girgenti) Syrakusä sind jetzt Trümmer oder ärmliche Städtchen; was ist aus Venedigs und Genua's Herrlichkeit geworden? wo ist das alte Wisby auf Gottland und das russische Großnaugard? ja wo ist das alte Lübeck und Antwerpen? wo sind die Flotten der Portugiesen und Holländer geblieben? wo werden vielleicht nach Jahrhunderten Brittanniens weltherrschende Flotten seyn, die jetzt den Besen aufgesteckt haben, den einst unter Cromwell der holländische Admiral gegen ihren Blake als warnendes Zeichen aufsteckte? So kann man weisen und fragen; aber der fette Boden der Lombardei läuft nicht weg, das Land um Löwen und Ulm und Magdeburg verläßt seinen fleißigen Bewohner nie. Glücklicher und fester steht doch das Land, dessen Gesetzgebung und Verfassung und Hauptthätigkeit auf Ackerbau gegründet ist, als dasjenige, welches fast sein ganzes Streben und zuletzt auch sein Daseyn auf das Gewerb und den Gewinn des Meers gestellt und auch unbewußt sich und Volk und Verfassung am meisten darauf eingerichtet hat.

Aber, könnte man einwenden, was schadet es denn, wenn ein Volk sich dem Meer und seiner Thätigkeit und seinem lockenden Gewerbe auch vielleicht zu sehr hingegeben und die andern Gewerbe und Thätigkeiten darüber versäumt und hintangesetzt oder wenigstens alle nur in Beziehung auf die Seethätigkeit gesetzt hätte? So wie die Weltverhältnisse sich ändern, so wie es auf dem Meere eingeschränkt oder von dem Meere verdrängt wird, wird es sich von selbst wieder mehr zu den Geschäften und Gewerben wenden, die dann lohnender und ergiebiger dünken; in solchem Falle wird ein Volk, das alle Länder beschiffte und umschiffte und vor dessen stolzem Wimpel alle andere Segel sich verneigen mußten, sich dem Ackerbau und anderer Betriebsamkeit wieder zuwenden, die es in der früheren Fülle der Thätigkeit und des Gewinnes versäumte, weil es ihrer nicht bedurfte.

So spricht man gewöhnlich leicht hin und beruft sich endlich auf die Noth und das Bedürfniß, die besten Lehrmeister des Menschen, welche die neue Ordnung schon stellen und zurechtschieben werden. — Ja wenn es sich in der Welt nur so leicht stellte und wendete und wenden ließe, als man die Gedanken und Einfälle auf dem Papiere oder auf der Zunge wenden und würfeln kann! Wie schwer es gewöhnlich ist, daß ein Mann, der die Hälfte seines Lebens in der Uebung eines bestimmten Geschäftes oder Studiums verbracht hat und plötzlich in ein anderes hineingestoßen wird, sich in diesem neuen mit Leichtigkeit und Glück bewege — so schwer, ja tausendmal schwerer, ist es einem ganzen Volke, sich in eine ungewohnte oder wenigstens seit lange nicht mehr betretene Bahn der Thätigkeit hineinzuschnellen; es gehören oft Jahrhunderte dazu, ehe es sich in den neuen Zustand, der nun nothwendig geworden ist, wieder hineinleben kann, ja oft lebt es sich nie wieder hinein, weil aller Sinn und alles Streben der Menschen und alle Einrichtungen und Ordnungen des Staates zu sehr auf jenes Eine gerichtet gewesen, was es nun aufgeben muß. Denn nicht leicht dafür zurecht zu rücken und zu stellen sind die Verhältnisse, die seit Jahrhunderten für ganz andere Zwecke geordnet waren, oder die sich — richtiger gesagt — durch einen Instinkt des Volks von selbst geordnet und gefügt hatten, wie alles, worin ein wirklich lebendiges und kräftiges Leben ist. Denn freilich muß man jedes

Volk, in welchem sich ein freies und edles Streben offenbart, gleich einem Baum ansehen, der, von Luft und Licht gereitzt und von Erde und Wasser genährt, wächst und seine Zweige und Aeste treibt, ohne daß er weiß, wie und warum. Ein handeltreibendes und die Schätze der Welt zu sich hinüberziehendes und in seinen Schooß leitendes Volk gewöhnt sich nur zu leicht selbst das, was bei Völkern, welche in gleicheren und mittelmäßigeren Verhältnissen leben, als etwas Unverrückliches ja als etwas Heiliges dasteht, als eine wandelbare und von einer Hand in die andere gehende Waare zu betrachten. Dies gilt unter andern auch von dem, worauf es uns hier am meisten ankommt, von dem Lande und von den Landgütern. Wenn nicht strenge Gesetze dem Misbrauch wehren und für das gegenwärtige und künftige Heil des Vaterlandes wachen, geschieht es in solchen Verhältnissen bei dem Ueberfließen des Geldes gewöhnlich, daß der Reichthum sich zu sehr ausbreitet und die Kleinen überwuchert und erstickt; es entstehen die großen Besitzungen, die prächtigen Schlösser und Landhäuser, es werden meilenweite Parks angelegt und Hirsche und Rehe gehegt, wo fleißige und glückliche Bauern sonst den Pflug trieben; es entstehen die großen Besitzungen und die kleinen und mittelmäßigen freien

Männer, die auf dem Lande auf eigenem Boden wohnen, verschwinden von Tage zu Tage mehr; und zuletzt kann es in einem sonst löblichen und wohl geordneten und regierten Staate dahin kommen, daß es auf dem Lande nur große Herren und abhängige Pächter und kümmerliche Tagelöhner giebt und kaum hie und da noch ein rechter Bauer gesehen wird. Wann nun für das ganze Volk die Stunde einer großen Veränderung da ist, wann die ungeheure alles umfassende und belebende Weltthätigkeit aufhört, so kann das nicht mehr zurecht gerückt werden, was die blühende Zeit des Reichthums verschoben hatte und was eben wegen jenes Reichthums, wovon allen auch ihr Theil zu Gute kam, das Ganze damals nicht als das Uebel fühlte, was es an sich war. Denn mit Gewalt an dem Besitze rütteln und so wieder herstellen wollen, was unselige Verhältnisse aus dem Gleichgewicht gebracht haben, ist eine Ungerechtigkeit, die nie gute Früchte bringen kann, und am wenigsten einen Staat wieder herstellt, der auf Gerechtigkeit gegründet seyn soll. Es lassen sich in einem gesellschaftlichen Zustande, wo alles gesetzlich gebunden und besessen ist, keine willkührliche Ackereintheilungen machen, wie Moses und Numa sie vielleicht einst machten, und wie sie sich bei edlen und freien Völkern in den Anfängen ihrer bürgerlichen Ordnung ursprünglich instinktartig von selbst machen. Deswegen preise ich solche Länder vor allen andern glücklich, in welchen der größte Theil der Grundstücke von mittelmäßigen und kleinen Landeigenthümern besessen wird, mit Einem Worte, in welchen die Mehrheit der Landbesitzer Bauern sind. So stehen unter den Ländern Europas Schweden und Norwegen wegen dieser ächtgermanischen und natürlichen Eintheilung des Grundeigenthums in einer Herrlichkeit und Stärke da, welche für die Zukunft nothwendig Großes gebähren muß. Ein solches großes freies Bauervolk trägt sicher die Keime von Thaten und Erfolgen in sich, welche die Enkel erstaunen werden.

Betrachten wir nun nach diesen allgemeinen Ansichten, die aber unserm Gegenstande nicht fremd scheinen, unser Vaterland Teutschland, so finden wir, wie die Sachen jetzt stehen, in demselben die allergrößte Verschiedenheit in den Verhältnissen des Grundbesitzes und in der Lage und den Rechten des Bauerstandes. Unsere Altvordern waren ursprünglich ein reisiges edles tapferes und freies Volk, das auch in seiner barbarischen Zeit schon von Gesetz und Sitte regiert ward und nichts mehr haßte und verabscheute als Knechtschaft und Willkühr. Die Mehrzahl des Volks bestand aus freien Bauern; neben diesen standen der Adel und die fürstlichen Geschlechter; doch gab es schon zu Tacitus Zeit Leibeigene und leibeigene Bauern. In den späteren christlichen Zeiten des achten neunten und zehnten Jahrhunderts, ein Zeitalter der Gährung und Umkehrung, wo in den meisten Ländern vielfaches Gedränge und mancherlei Noth auf einander stieß, wo mancherlei Keime in dem Volke gleichzeitig nach Entwickelung strebten, wo die Hierarchie und das Lehnwesen, mannigfaltig in einander verflochten und wieder mannigfaltig einander durchschneidend und bekämpfend, sich mehr und mehr ausbildeten und gestalteten, — in diesen Zeiten einer großen Geburt der neuen Geschichte und einer allgemeinen nicht schmerzlosen Verwandlung ging auch über die Landbewohner ein in mancher Hinsicht schweres Verhängniß. So vielfältig und gewaltig war in diesen denkwürdigen Jahrhunderten die Noth und Plage von außen, so von allen Seiten stürmte das Gedränge herein, so mancherlei Unheil brachte die Natur und so mancherlei Unglück bereitete sich die zu einem neuen gesellschaftlichen Zustande übergehende aber für diesen Zustand noch unreife und fast unmündige Menschheit durch ihre eigene Unwissenheit und Hülflosigkeit, so groß und geschwind war auch die Reibung der vielerlei gegen einander treibenden und stoßenden Kräfte, daß die Herrlichkeit des alten Glückes und der alten Freiheit der Germanen für lange Zeit zu vergehen schien. In den meisten teutschen Landen war es um die stolze Unabhängigkeit der schwächeren adlichen oder freien Männer geschehen; sie wurden mit Gewalt andern unterworfen, oder sie unterwarfen sich freiwillig, damit sie in dem allgemeinen Getümmel und Unglück Halt und Schutz hätten. So entstand das bunte und seltsame und in mancher Hinsicht unentwirrliche Vielerlei jener Staatsverflechtung, die man das Lehnwesen genannt hat, welches Wesen, in tausend Stuffen und Ordnungen auf- und absteigend, an dem einen Ende fast der Freiheit ähnlich sah, an dem andern aber der grausamsten Sklaverei glich. Jetzt blieben wenige übrig, die sich noch mit dem schönen Namen Freie nennen konnten, abhängig wurden die meisten Teutschen; aber zwischen der leiblichen Hörigkeit und Zinspflichtigkeit und der blutigsten und härtesten Leibeigenschaft und Knechtschaft lagen unzählige Grade.

In dem südwestlichen Teutschland, dem heiligsten Lande unserer Geschichte, und der Wiege des Ruhms der Germanen, hatte von jeher die stolzeste und tapferste Freiheit geblüht: dort erhob sie sich auch am ersten wieder aus dem Drucke.

Vieles

Vieles wirkte in jenen Gegenden wohlthätig, das durch Unglück ermattete und durch Knechtschaft gelähmte Geschlecht wieder zu beleben und zu erheben; das Emporkommen der vielen und großen freien Reichsstädte die Kreuzzüge die Blüthe des Handels und die dadurch geweckte Regsamkeit Lebendigkeit und Bildung, die sich mehr und mehr über das ganze Volk verbreitete — alles das half auch dem unterdrückten Landmann die Fesseln zerbrechen, und allmählig stieg er wieder aus der Niedrigkeit und dem Elende eines Knechts zu der Würde eines Menschen und Bürgers empor. Härter ist das Schicksal der Landbewohner und Bauern im nordöstlichen Teutschland gewesen. Nachdem die Germanen, welche früher diese Gegenden bewohnt hatten, durch die Züge und Auswanderungen nach dem Süden im vierten und fünften Jahrhundert daselbst viel schwächer und dünner geworden waren, hatte sich ein fremdes Volk in die von ihnen verlassenen Sitze eingedrängt: bis an die Elbe die Saale den Fichtelberg und die kärnther Alpen hatten sich slavische Stämme festgesetzt; die von ihnen an den Küsten wohnten, wurden beide am baltischen und am adriatischen Meere Wenden genannt. Diese Slaven und Wenden wurden aber vom neunten bis zwölften Jahrhundert von den Teutschen theils verdrängt theils unterjocht, und die teutsche Herrschaft ward bis an die Weichsel, ja längs den Küsten weit über hundert Meilen jenseits der Weichsel gegen Osten hin ausgedehnt. Die bezwungenen slavischen Völker wurden von ihren eigenen Fürsten und Edlen und von den einrückenden und jetzt herrschenden Teutschen, die als Eroberer mit dem Schwerdt in der Hand von dem ehemaligen Lande ihrer Vorfahren wieder Besitz genommen hatten, als Leibeigene angesehen und gehalten. Ein gleiches Schicksal traf die meisten der einwandernden teutschen Kolonisten, die sich auf dem Lande als Bauern niederließen; sie theilten mit den Unterjochten endlich Ein Loos, es war, als wenn sie durch die slavische Luft leibeigen gemacht würden. Es ist überhaupt schwer, daß wenige Freie unter vielen Sklaven lange die Freiheit behaupten mögen: Beispiel und Gewohnheit und hundert andere Dinge und Verhältnisse wirken zu mächtig dagegen; ja sie selbst, wenn sie auch nicht geradezu unterdrückt werden, verlieren unter Knechten von Geschlecht zu Geschlecht immer mehr das Bild jenes herrlichen Zustandes, der bei ihren Großvätern noch lebendig war; sie wissen zuletzt die Freiheit nicht mehr zu schätzen, und sich also auch gegen die Auflaurer und Unterdrücker derselben nicht mehr zu vertheidigen: so werden sie, was man sagen kann, in die Knechtschaft hineingeschleppt. In dem nordöstlichen Teutschland sind die Bauern viele Jahrhunderte leibeigene und elende Knechte geblieben und oft auf das härteste und willkührlichste behandelt und mehr als Sachen denn als Personen angesehen und gebraucht worden. Ich habe selbst in mehreren Landschaften desselben noch grauenvolle Auftritte und Geschichten dieser unwürdigen Sklaverei gesehen, die gottlob künftig nur als Beispiele der Vergangenheit werden erzählt werden können. Erst das letztverflossene halbe Jahrhundert, das Zeitalter Friedrichs des Zweiten und Josephs des Zweiten, hat den Zustand dieser unterdrückten Volksklasse sehr gemildert und verbessert; Friedrich Wilhelm der Dritte hat endlich die Fesseln zerbrochen und das große und ewige Gesetz der Menschlichkeit ausgesprochen, und wird von vielen hunderttausend Befreieten als der Wohlthäter und Beglücker genannt und gepriesen. In einigen Landen aber, z. B. im Schwedischen Pommern und im Mecklenburg-Schwerinschen, giebt es durch die Willkühr, womit man die Bauern zerstören und von ihren Höfen treiben und die Bauerdörfer schleifen und an ihrer Stelle Schlösser und Vorwerke bauen durfte, wenige Bauerdörfer mehr; dort ist auf eine höchst traurige Weise das natürliche Verhältniß aufgehoben, das in der Eintheilung des Landbesitzes seyn sollte: es sind dort fast gar keine kleine Grundbesitzer und bauerliche Eigenthümer, man sieht meistens nur große zum Theil ungeheure Güter und neben ihnen Hütten von Tagelöhnern und Knechten.

Es scheint hier, als wenn ich gegen den Adel und andere große Grundbesitzer spreche und alles Landeigenthum in die Hände der Bauern hinüberspielen, wenigstens, da ich damit nicht spielen darf, hinüberwünschen mögte. Zur Verhütung des Misverständnißes und der Misdeutung muß ich sagen, was mein natürliches Verhältniß und meine glückliche Eintheilung des Landbesitzes bedeutet. Ich meine damit, daß nach aller Erfahrung und Geschichte, die hier allein ein gültiges Urtheil aussprechen dürfen, dasjenige Land ein glückliches und wohlbegründetes und wohlgeordnetes Land ist, wo der Boden von Anfang an durch das Glück und die Freiheit des Volks oder — was sehr selten geschehen konnte und seltener geschehen ist, als viele glauben — durch die Macht und Weisheit eines großen Gesetzgebers und Staatenstifters in richtigem Verhältnisse eingetheilt ward. Dieses richtige und natürliche Verhältniß ist mir folgendes: Dreiviertel, wenigstens Zweidrittel der Grundstücke eines Landes müssen zu mittelmäßigen und kleinen Gütern zerschnitten seyn, worauf Bauern als Eigenthümer wohnen; auf dem übrigen Viertel oder Drittel wohnt der Adel und andere größere Besitzer. So ist das Verhältniß wirklich in ganz Südteutschland und Westfalen, wo der größere Theil der Grundstücke von freien oder doch wenig abhängigen Bauern bewohnt wird; weniger ist das Verhältniß in Nordteutschland so. Verkehrt ist das Verhältniß, wenn ein Land mehr Herrenhöfe als Bauerhöfe hat; am verkehrtesten und unglücklichsten ist es, wenn es fast gar keine Bauern hat, welche die Erde bebauen und besitzen. Denn wenn einige den Adel den Schmuck eines Landes nennen, so nenne ich den Bauer das Mark desselben.

Zwar wieder hergestellt und aus langer Schmach der Knechtschaft seit Jahrhunderten und Jahrzehenden wieder zum mitbürgerlichen Zustande erhoben sind die Bauern jetzt in den meisten Landschaften des teutschen Vaterlandes, aber zu der Ehre, welche weiland die Ehre aller freien Germanen war und welche die Schweitzer Schweden und Norweger noch so herrlich besitzen, zu der Ehre, von ihres Gleichen auch als ein Stand vertreten und dargestellt zu werden, sind erst sehr wenige gelangt, und nur in einigen besseren Staaten hat man den ersten Anfang gemacht, die

Bauern zu diesem Glücke vorzubereiten. Es ist aber zu hoffen, daß alle Regierungen ihre und ihrer Völker wahre Vortheile von Tage zu Tage mehr erkennen, und durch eine gerechte und würdige Gesetzgebung und Ordnung sich und sie auf eine Höhe stellen und mit einer sittlichen Kraft und Liebe des Vaterlandes stählen werden, von welcher sie der Zukunft und ihrer Auflösung und Entwickelung ruhig entgegen gehen und vor ihren Stürmen und Erschütterungen nicht zittern dürfen. Auch das ist zu hoffen, daß manche kleinliche Sorgen und Ansichten verschwinden werden, wenn man mehr und mehr durch die That und die Erfahrung begreift, oder vielmehr, wenn man sich aus der ganzen Geschichte des teutschen Volks der Wahrheit wieder erinnert, daß Undankbarkeit Wildheit und Ungesetzlichkeit nicht des teutschen Menschen Art ist, und daß er dasjenige, was ihm und seinen Kindern und Kindeskindern Glück und Sicherheit bringen soll, nicht zu Unordnungen und Unruhen misbraucht.

Teutschland, wenn es in sich verbunden und geschlossen und nach außen hin wehrhaft gemacht und erhalten ist, kann in jeder Hinsicht das erste und glücklichste Land Europas genannt werden. Es ist das Herz des Welttheils, und wenn es um dieses Herz die gehörigen Bollwerke und einen stählenen Harnisch legt, so wird ihm aus allen andern Ländern desselben nur das Gute und Erfrischende zuströmen und des Schlechten und Verderblichen wird es sich erwehren können. Es ist ein schönes reiches und fruchtbares Land, unter einem mäßigen Himmel gelegen, der weder durch zu große Kälte erstarrt noch durch zu große Hitze erschlafft; es hat einen reichen Wechsel von Bergen Hügeln Wäldern Feldern Ebenen Seeen Strömen und Küsten, es reitzt und bildet den Menschen also auf eine mannigfaltige Weise und läßt ihn nicht in Dumpfheit und Einseitigkeit erstarren. So ist dieses glückliche Land eingerichtet, daß die Arbeit immer neben dem Genuß, die Waffe neben der Freude liegt: wo die Natur dem Menschen alles umsonst giebt, da findet er alles, nur nicht sich selbst noch die Gewalt, welche in der Herrschaft über sich und über die Dinge liegt. Die Menschen, welche dieses Land bewohnen und nach welchen es genannt wird, die Teutschen, sind ein stattlicher starker und reisiger Schlag, ernst tapfer redlich fromm freiheitliebend sinnreich und seelenreich erfinderisch und tiefsinnig für allerlei Kunst und Wissenschaft: ein Volk, dem bei vielen vortrefflichen Eigenschaften Gott nur den Einen Hauptmangel gegeben hat, daß es für die eigenen Vorzüge blind ist und die fremden mit hunderttausend Augen sieht. Das ist aber das Beste, was Gott diesem Lande und Volke verliehen hat, daß seine geographische Lage und sein angebohrnes Gemüth so sind, daß sie nicht leicht aus sich selbst hinausgetrieben und in ein fremdes und falsches Streben hineingerissen werden können; so ist ihr Verhältniß und ihre Anlage, daß sie genug gereizt, aber nicht leicht übergereizt werden: sie sind in dieser Hinsicht mehr als die meisten Völker der Erde einer mäßigen und gerechten Verfassung fähig, denn einer taumelvollen uud stürmischen Freiheit schleicht auch sogleich die gleissende Tyrannei auf den Fersen nach und zähmt und lähmt ihr den sprudelnden Uebermuth durch Schlangenlisten und Schrecken. Ich sprach oben von dem gewaltigen Reitze, der in dem Elemente des Meers und in seinen Gewerben liegt und der für viele Völker ein solcher Ueberreitz geworden ist, daß er sie aus allen ersten und natürlichen Verhältnissen herausgerückt und endlich erlahmt und ermattet, oft ohne alle Fähigkeit sich wieder aufzuhelfen, ohne Ehre und Macht und Freiheit, als einen Gegenstand des Mitleids und ein Denkmal der Vergänglichkeit hat liegen lassen. Gegen das Unglück eines solchen Ueberreitzes, dem Athen und Venedig und viele andere kleine und groẞe Staaten nicht entgangen sind, ist unser Vaterland gesichert. Es hat genug große Ströme und Küsten, daß ihm die Verbindung und Mittheilung jener herrlichen Weltthätigkeit, welche das Meer giebt, nicht abgeschnitten sey; es hat nicht so viele, daß es das Meer als sein eigenstes Element und Schifffahrt und Handel als sein erstes Gewerb ansehen müßte, es wird nicht in die Gefahren einer Thätigkeit gelockt, die den edelsten und trefflichsten Völkern oft verderblich geworden ist. Immer wird über die Hälfte alles teutschen Gewerbes in dem Landbau und in der Viehzucht bestehen, welche die besten Pfleger und Erhalter aller ursprünglichen und natürlichen Tugenden unseres Geschlechts sind.

Wenn dem also ist, was mir keiner ableugnen kann, wenn der Teutsche mehr auf den Acker als auf das Wasser angewiesen ist, wenn über zwei Drittheile seiner Brüder Ackerbauer sind, so kann es wohl kein Zweifel mehr seyn, daß dieser so zahlreichen so wichtigen und so ehrwürdigen Klasse der Mitbürger in teutschen Landen eine eigene und öffentliche Darstellung und Stellvertretung im Staate gebühre, daß diejenigen, durch deren Fleiß Treue und Tapferkeit das Gemeinwesen vorzüglich getragen und erhalten wird, nicht länger als die Unmündigen und Schirmlosen versäumt und zurückgesetzt werden dürfen. Dies ist auch von allen denen, welchen einiges Recht eines Urtheils über die Zeit zusteht, und von vielen teutschen Regierungen laut anerkannt; den Grundsatz, daß die größere Menge des Volks gleichsam willenlos und mundlos bloß zum beliebigen Gebrauch für einige Wenige da sey und nimmer ahnen dürfe, daß sie auch bestimmte Rechte haben könne, ein Grundsatz, der vor zwanzig Jahren noch von Vielen offen bekannt ward, scheuen sich jetzt auch die in alten Vorurtheilen des Kastengeistes Verhärtetsten auszusprechen. Aber wenn sie auch nicht mehr zu meinen noch weniger zu behaupten wagen, daß der Bauer fast ein rechtloses Ding sey, so wird eine andere Frage aufgeworfen, und die lautet: Wer soll das Gewerb des Ackerbauers darstellen und vertreten? soll es der Adel thun als vornehmster Grundbesitzer für sich und für alle anderen, die auf dem Lande leben? oder soll der Bauer seine Stellvertreter für die öffentlichen Landtage aus seiner Mitte wählen, sollen seine Stellvertreter auch Bauern seyn?

Viele haben ehedem behauptet und Viele behaupten auch jetzt noch, der Bauer der teutschen Lande bedürfe keiner besonderen Stellvertretung, er werde auf das natürlichste von dem Adel vertreten und dargestellt, und sey in den meisten Ländern schon lange von demselben vertreten worden. Der Adel sey in dieser Hinsicht in einem rechtmäßigen und durch altes und löbliches Herkommen geheiligten Besitz, und dem Bauer Landstandschaft verleihen und ihn neben den Adel hinsetzen heiße des Adels Rechte schmälern und den Bauer mit thörigten Einbildungen kitzeln, die ihn übermüthig machen können. Diese Erklärung scheint ein neues Ansehen gewonnen zu haben durch die Erklärung der versammelten Landstände der Braunschweig-Lüneburgischen Landstände in Hannover, welche nach der berühmten Kundmachung des Prinzen Regenten von England zu versprechen schienen, ein erstes würdiges Muster einer gerechten und menschlichen Verfassung aufzustellen. Diese Erklärung lautet ungefähr dahin: freilich seyen unter den Ständen des neuen Königreichs Hannover keine Bauern, aber der Bauerstand werde von dem Adel mit vertreten, welcher desselben Bedürfnisse wahrscheinlich besser darlegen, und desselben Rechte besser wahrnehmen und behaupten werde, als er selbst es könne. Wir wollen uns hier darüber nicht weitläuftig auslassen, wie der Bauerstand bisher durch den Adel in Teutschland dargestellt und vertreten worden ist, weil das unangenehme und gehäßige Beschuldigungen wieder auffrischen könnte, zumal da nicht fehlen, welche behaupten, der Adel habe die Bauern mehr zertreten als vetrreten; wir wollen geschichtlich nur das bemerken, daß manche brave Völker und Völkerschaften, die sich auf Verfassungen und Gesetze von jeher sehr wohl verstanden, unter andern die Schweden und Schweitzer, bei welchen auch wie bei uns Bauern und Edelleute zugleich das Land bewohnten und besaßen, in ihren ständischen Versammlungen und Reichstagen einen Bauerstand neben den Adelstand gestellt, ja den Bauerstand dem Adelstande wohl gegenüber gestellt haben. Sie müssen also geglaubt haben, daß die Vortheile dieser beiden Klassen nicht so ganz in einander laufen, daß beide von Einem Stande allein, z. B. der Adel auch durch die Bauern oder die Bauern auch durch den Adel, vertreten werden könnten; sie müssen diese Vortheile, weil sie beide Klassen auch in der Vertretung einander gegenüber gestellt haben, sich so gedacht und gefunden haben, als wenn sie mit einander im Kampfe und zuweilen vielleicht gar im feindseligen Kampfe begriffen wären. Es ist hier nicht der Ort, weitläuftig auseinander zu setzen, wo der Edelmann und Bauer sich berühren und wo sie auseinander gehen, ja wo sie einander wohl gar als streitende Partheien gegenüber stehen; ich habe das anderswo gethan in einer kleinen Schrift, welche mehr von den ursprünglichen ständischen Elementen und von den verschiedenen Bestimmungen und Eigenthümlichkeiten der vornehmsten Klassen der bürgerlichen Gesellschaft als von der eigentlichen Zusammensetzung und Anordnung der bestehenden Stände in der Wirklichkeit und Ausübung handelt. *) Freilich ist der Edelmann, welcher nach alter germanischer Weise auf Landgütern angesessen seyn soll, in gewisser Hinsicht der erste und vornehmste Bauer; aber in anderer Hinsicht stellt er in monarchischen Staaten eine Idee dar, die dem eigentlichen Bauer fremd ist und immer fremd bleiben muß. Gehen wir aber das Verhältniß des Edelmanns zum Bauer geschichtlich durch, wie es sich in allen Zeiten und unter allen Völkern von Anfang an offenbart hat, sehen wir das natürliche Streben und Kämpfen dieser beiden einander so nahen und doch so fernen Klassen, wobei es recht eigentlich auf Daseyn und Besitz und auf die große Frage ankommt: wer denn herrschen und wer dienen soll? so wird es noch unstatthafter und unzuläßiger, daß der Bauer

*) S. meine Abhandlung: Ueber künftige ständische Verfassungen in Teutschland. Frankf. a. M. 1814.

von dem Adel vertreten werde. Wenigstens wird der Bauer sich die Ueberzeugung nie anklügeln lassen, er werde von dem Adel wohl und gebührlich vertreten, und der Staat sorge väterlich für seine Rechte, wenn er jenem die Darstellung und Vertheidigung derselben übertrage.

Die Geschichte ist ein grades und wahres Ding, sie fürchtet sich vor niemand und soll sich vor niemand fürchten, weil sie sich auf das Wirkliche und Bestehende lehnt oder auf das, was einst war und bestand, und, weil sie dieser Zeugen getrost, vor Gericht tritt. Nach den frühesten Sagen und Klagen unsers Geschlechts war die Gerechtigkeit schon in der grauen Vorzeit von der Erde verschwunden, und ist seitdem nur hie und da als ein kurz verweilender Fremdling erschienen, und in ihrem vollen himmlischen Sonnenschimmer hienieden nimmer wieder gesehen worden. Sie selbst ist in ihrer ganzen Majestät eigentlich nirgends unter uns, sondern im wilden Kampfe der Kräfte wird immer nur eine mögliche Annäherung zu ihr und die Wiederherstellung des zerrütteten Gleichgewichts gesucht. Wären wir gerecht von Natur, so wären wir auch alle glücklich und zufrieden mit einander, und das Scepter des Herrschers und das Schwerdt des Richters wären überflüßig; ja auch der Gesetze und Stände und

Landtage und Reichstage und aller Fragen und Streite darüber könnten wir entübrigt seyn. Weil wir alle, der Kleine wie der Große der Bauer wie der Edelmann der Bürger wie der Bürgermeister, die angebohrne Neigung haben einander zu verdrängen und zu unterdrücken, weil der Trieb zu herrschen und seinen Willen durchzusetzen da ist, so wie die Zunge des Säuglings nur zu lallen und sein Spannenschritt zu gehen anfängt, so ward diesem Herrschertriebe und Eigenwillen ein gewaltiger Wille entgegengesetzt, daß er ihn zügelte und bändigte: der allgemeine Wille menschlicher Vernunft und menschlichen Rechts, und zu Trägern Erklärern Verwaltern und Vollstreckern dieses gewaltigen Willens wurden der Herrscher und das Gesetz ernannt. Weil hier auf unserm Planeten nirgends die volle Gerechtigkeit ist noch das feste Gleichgewicht der Kräfte steht, sondern weil alles nur im näheren oder ferneren Streben und Schweben nach dem Ideal derselben trachtet und ringt, so ist dem Naturtriebe des Menschen und der Welt gemäß alles in einem beständigen Kriege um das Leben und um das Recht, und damit Leben blühe und Recht gefördert werde und damit die edelsten und göttlichsten Geister des Menschen nicht in träger Faulheit erlahmen und erstarren, ward von allen freien und stolzen

Völkern in Verfassungen ein gesetzlicher Kampf gestiftet und anerkannt, in welchem die verschiedenen Klassen des Staats als besondere Stände gewaffnet und gerüstet auftreten, die Stellen, worauf sie stehen, und die Rechte, die sie besitzen, vertheidigen, und jedem, der sie feindselig angreifen und verdrängen will, sich muthig gegenüber stellen. Bei diesem von der Natur selbst gewollten und gestifteten Kriegszustande der menschlichen Kräfte und bürgerlichen Strebungen, wo der eine den andern immer ermahnt, auf seiner Hut zu seyn und sich fremden Eingriffes in seine Rechte zu erwehren, scheint es wohl jedem einsichtsvollen und unbefangenen Betrachter der menschlichen und bürgerlichen Verhältnisse wunderlich, wie ein Stand von einem andern vertreten werden könne, welcher oft ganz entgegengesetzte Ansichten und die von jenes Vortheilen und Bedürfnissen verschiedensten Vortheile und Bedürfnisse hat. So wenig der Bauer sich dabei beruhigen kann, daß seine Rechte von dem Adel vertheidigt und vertreten werden sollen, mit dessen eigenen Vortheilen sie oft gradezu im Streite sind, eben so wenig würde der Edelmann zufrieden seyn, wenn der Bauer sich herausnähme in den Angelegenheiten seines Standes sein Sprecher und Vertreter seyn zu wollen. Ich beschuldige hiemit den Adelstand

keines=

keinesweges einer vorherrschenden Neigung zur Ungerechtigkeit, ich spreche nur von einer Neigung, die uns allen gemein ist und der man durch weise Ordnungen vorbeugen muß; wir Sterbliche sind uns alle darin ähnlich, daß wir übervortheilen und unterdrücken, wenn das Gesetz uns nicht hemmt, und wenn es vor die Begierde und Habsucht, welche immer das Maaß überschreiten wollen, mit strengem und herrischem Antlitz nicht als das Bild einer höheren Ordnung und eines edleren inneren Triebes hintritt. Denn wahrlich, wenn dem Bauer überlassen würde, die Rechte des Adels wahrzunehmen und zu vertheidigen, der Adel würde sich bei ihm nicht besser berathen finden, als er bei dem Adel. So ist der Mensch und so ist die Noth der Natur und der Reiz und das Streben der Gesellschaft, wo immer der eine über den andern hinausdringen und ihn von seiner Stelle schieben oder gar unter sich schieben will. Damit wir Menschen werden und bleiben können, damit das Herrlichste Stolzeste und Geistigste in uns sich entfalten und entwickeln könne, muß um das gemeine Bedürfniß und um den Besitz und die Erhaltung der irdischen Güter in den unteren Trieben ein ewiger Kampf seyn. Eine chinesische Stille ist kein Glück und liegt am allerweitesten von einem Staate, der den Namen eines menschlichen Staates verdiente.

Ich muß nun noch der gewöhnlichen Gründe erwähnen, die man anführt zum Beweise, daß der Bauer nicht fähig sey, als ein öffentlicher Mann aufzutreten und sich und seinen Stand zu vertreten. Die meisten dieser Gründe brauchen nur genannt zu werden, sie widerlegen sich selbst und zerfallen in ihrem eigenen Nichts. Was ich im Gespräche mit solchen, welche den Bauer gern immer noch als ein mundtodtes Ding angesehen und behandelt wissen mögten, gelegentlich erhorcht habe, mögte etwa vorzüglich auf Folgendes hinauslaufen:

1) Der Bauer kann äußerlich nicht darstellen, er wird die Versammlung, welcher er beiwohnt, lächerlich und zum Leutespott machen.

2) Der Bauer ist zu ungeschickt und zu unwissend, er kann weder sprechen noch seine Gedanken mit Klarheit darlegen; sein ganzer Ideenkreis ist eng, seine Ansicht vom Staate und Vaterlande ist kleinlich, die Ehre, die Königin des Lebens und die rechte Lebensflamme des Staates, hebt ihn nicht über die augenblickliche Noth und den augenblicklichen Vortheil hinaus, und deswegen wird er verblendet immer nur das Einzelne sehen und eigensinnig an dem Kleinen hangen,

und das Ganze und Große, das, worauf es eigentlich ankommt, übersehen.

3) Vor einigen Jahrhunderten wäre vielleicht Sinn darin gewesen, daß der Bauer auch als Landstand auftreten und aus seiner eigenen Mitte seine Stellvertreter wählen dürfte. Damals war das ganze Leben, es waren alle Verhältnisse der Gesellschaft und der Staaten in ihnen selbst und gegen andere viel einfacher als jetzt. Was soll der Bauer da, wo über die feinsten Verzettelungen und Verwickelungen der Politik und über das feinste aller Dinge, über die Finanzen, gesprochen und gerathschlagt wird? wie weit soll er da mit seinem sogenannten graden und schlichten Verstande reichen, worauf seine Vertheidiger immer pochen und wovon sie uns Wunder zu erzählen wissen? Staunen und gähnen wird er bei diesen Gegenständen und bei vielen anderen, die weit über seinen Horizont hinaus liegen. Wer wollte dem ehrlichen Bauer nicht gern das Glück und die Ehre gönnen, deren er fähig ist; aber es ist wahrlich ein mehr als lächerliches Ding um einen solchen Mitberather und Mitentscheider der wichtigsten öffentlichen Geschäfte und der feinsten und verwickeltesten Verhältnisse.

4) Der Bauer wird durch die vermeinte Würde, welche man ihm beilegt, wenn er als

Landstand auftreten darf, aus seinem Kreise herausgehoben, er bildet sich ein, daß er ein Herr geworden sey, er entfremdet sich seinen stillen Arbeiten und seinem bescheidenen Wesen und fängt an zu junkern; er wird hoffährtig wild übermüthig und unregierlich.

5) Der Bauer wird aus der Sphäre seines gewöhnlichen Lebens und seiner gewöhnlichen Bedürfnisse herausgerissen, er lernt neue Gelüste und Genüsse kennen, diese bringt er mit in seine Heimath, und Ueppigkeit und Liederlichkeit wird sich hinfort immer mehr unter einer Klasse verbreiten, die man bisher noch wegen einfacher Sitten glücklich pries: was ein Vorzug des Standes seyn sollte, wird das Elend desselben vermehren. Die den Bauer also erheben wollen, mögen wohl zusehen, was sie thun.

Auf das Erste antworte ich: Pöbelspott und Pöbelmeinung, sie mögen von vornehmem oder niedrigem Pöbel kommen, haben noch nie den Werth einer Sache oder eines Menschen bestimmt. Wo die Sache, worauf es ankommt, durch sich selbst innerlich groß und herrlich ist, da sieht kein vernünftiger Mensch auf den gemessenen Schritt die zierliche Verbeugung und den blanken Rock. Vor Gottes Altar betet und knieet in der Gleichheit der christlichen Liebe der Bettler neben dem Fürsten; warum soll an Stellen, wo über die wichtigsten Geschäfte des Staats gehandelt wird, wo in der Wichtigkeit und Würdigkeit der Gegenstände die Ungleichheit und die Eitelkeit der Personen untergehen müssen, der Bauer im schlichten Kleide nicht neben dem Grafen und Freiherrn sitzen dürfen? Was am Theetisch und Spieltische lächerlich wäre, ist es an dieser Stelle nicht. Und wahrlich, wenn ein höherer Geist und ein ernsterer Sinn des öffentlichen Lebens alle durchdrungen hat, wenn jeder Kleinste fühlt, wie er von dem Herrscher und von dem Gesetze geehrt wird, so werden auch viele Bauern wohl in einer Haltung auftreten, daß sie ohne Lächerlichkeit neben andern stattlichen Männern stehen dürfen. Mit dem gemachten Anstand und der gemachten Würde, welche die Uebung und Fertigkeit des geselligen Umgangs bis zu einem gewissen Grade auch dem hohlsten und albernsten Gecken geben kann, und welche als Larve häufig die innere Leere und Erbärmlichkeit bedecken muß, ist es ein eigenes Ding: sie sind bald an ihrem Ende. Aber es giebt einen natürlichen Anstand und eine natürliche Würde, welche aus Einfalt und Treue des Herzens und aus einem zuversichtlichen und treuen Sinn entspringen und welche man bei Bauern wohl öfter findet, als bei den durch die Gesellschaft Abgeglätteten und Zerglätteten. Da der Bauer an leiblicher Stärke Schönheit und Stattlichkeit die sogenannten gebildeten Stände häufig übertrifft, so bringt auch das eine Fähigkeit der Darstellung hervor, die sich bei denen, welchen es fehlt, auf keine Weise künstlich machen läßt. Ich habe in einem Lande, wo der Bauer Reichsstand ist und als solcher an öffentlichen Tagen auftritt, viele hundert Bauern gesehen, an welchen es keinem Menschen einfiel etwas Lächerliches zu finden, sondern deren äußere Stattlichkeit und Würdigkeit von den geschmückten und gebildeten Grafen und Freiherren nicht verdunkelt ward. Ueberhaupt ist dieser ganze Einwand nur ein Einwand der verkappten Hoffahrt, von einigen Misgönnern und Neidern des Bauerstandes gemacht, welche es verdrießt, daß diejenigen, welche sie an Art und Recht tief unter sich glauben und gern tief unter sich halten mögten, jetzt gemeinschaftlich mit ihnen als öffentliche und vom Herrscher und Gesetz anerkannte Menschen auftreten sollen.

Auf das Zweite: Nicht allein der Bauer ist unwissend und ungeschickt in der Behandlung Berathung und Verstehung öffentlicher Dinge; wir sind alle ohne Ausnahme noch unwissend und ungeschickt darin, wir müssen größtentheils von vorn anfangen und bedürfen noch vieler Lehrjahre, bis wir uns mit Gewandheit und mit Würde in dem neuen Leben bewegen können. Wo öffentliche Darstellung und ständische Vertretung seit Jahrhunderten so wenig bedeutet hat, als in den meisten Landen der teutschen Zunge, da kann keiner so gewandt und fertig seyn, als allein die lange Uebung und Vorbereituug machen kann. Man spricht und denkt freilich von Gottes und von der Natur Gnaden, aber gut sprechen und klar denken und das Gedachte mit Rundheit und Schönheit des Ausdrucks andern darlegen, das wird nicht an Einem Tage gelernt. Wir wissen, wie Themistokles, Demosthenes und Cicero sich übten, ehe sie es wagten in öffentlichen Versammlungen aufzutreten; wir kennen das ernste Studium Pitt Chatams und seines Sohnes Wilhelm Pitt und Burkes und Fox und anderer Parlamentsredner Englands: auch die Gelehrtesten und Gebildetsten von uns und die in öffentlichen Geschäften die meiste Uebung und Erfahrung haben, werden sich mit diesen noch lange nicht zu vergleichen wagen. Doch giebt es zuweilen eine angebohrne Beredsamkeit, worin allenfalls auch ein Bauer glänzen könnte. — Daß man sagt: der Bauer mangelt der hohen Gefühle, welche den Edelmann entflammen, er wird durch keine Ehre über das Gewöhnliche hinausgetrieben, ist so vielem andern vergeblich Gesagten gleich.

Der Bauer mag die Ehre nicht haben, die man hier meint und die bei vielen ein sehr halbes und verdächtiges Ding und in keinem Falle das höchste Ding ist; aber gieb ihm ein Vaterland, und er wird aus einer höheren und innigeren Ehre fühlen und thun, was diese eure Ehre nie erschwingt. Die Frömmigkeit und Liebe ist des Bauers Ehre, in diesem Spiegel sieht er seinen Herrscher und sein Vaterland und setzet sich und seine Habe bis in den Tod und das Verderben drein. Was braucht es der Worte? wir haben die Thaten, und haben sie bei Bauern immer gehabt, die ein wirkliches Vaterland hatten, das sie als Menschen erkannte und beschützte und das sie lieben konnten. Daß der Bauer an dem Kleinen und Unwichtigen hangen und sich oft darin festbeißen wird, mag natürlich und zuweilen verdrießlich seyn; aber auch die anderen Stände werden sich oft an Kleinigkeiten und an kleinlichen Vorurtheilen und Rücksichten festkleben und befangen, wie der Vogel an der Leimruthe. Wir alle sind so gebohren, daß wir nur durch Reibung und Kampf mit den Ansichten Vortheilen und Vorurtheilen Anderer das Maaß und den Verstand der Dinge lernen. Auch die Bauern werden bis zu einem gewissen Grade hin durch Uebung und Theilnahme an öffentlichen Dingen und an der Verfassung und Ordnung des

Vaterlandes mit der Zeit geschickter und gewandter werden und weiterhin sehen lernen, als sie jetzt noch sehen können.

Auf das Dritte: Niemand wird leugnen, daß es bei der großen Entwickelung und Verwickelung der politischen Geschäfte und Verhältnisse, worin die jetzige Zeit steht, viel schwerer und künstlicher ist, ein politischer Mann zu seyn, als es vor zwei Jahrhunderten war. Aber man soll nicht allein fragen: Was soll der Bauer da? wie weit wird er da mit seinem sogenannten graden und schlichten Verstande reichen? sondern man soll auch fragen: Was sollen hundert andere da, welche keine Bauern sind? wie weit werden sie da mit ihrem Verstande und ihren Einsichten reichen? Auch in den Ländern, wo die Verfassungen seit langer Zeit die geordnetsten waren und wo die Berathung und Behandlung der öffentlichen Dinge in fortsitzenden Versammlungen der Stellvertreter des Volks die freieste ist, staunen und gähnen viele Hunderte bei der Untersuchung und Entwickelung von Gegenständen und Verhältnissen, die ihnen zu fein und zu verborgen sind; auch da sind es immer wenige durch Gewandheit Einsicht Weisheit und Beredsamkeit vorragende Männer, welche das Ganze lenken und entscheiden. Bewahre Gott, daß alle, welche auf Landtagen und in Versammlungen Sitz und Stimme haben, Mitherrscher und Mitentscheider der Dinge seyn sollten! — Die meisten müssen der Natur der ungleich vertheilten menschlichen Fähigkeiten nach Aufmerker und Zuhörer seyn; aber die Besten und Weisesten werden besser und gerechter rathschlagen und entscheiden, wenn neben ihnen Zuhörer sitzen, die auch ein Recht haben mitzusprechen und ihre Rathschläge und Beschlüsse gelegentlich zu sichten und zu prüfen. Welchen Namen und welche Art und Zusammensetzung eine Verfassung auch habe, von jeher haben die Kühnsten und Kräftigsten, zuweilen zum Glück der Völker auch die Besten und Weisesten geherrscht. Themistokles und Perikles in Athen, Scipio und Marius in Rom, de Witt in Holland und Chatam und sein Sohn Wilhelm Pitt in England herrschten fast wie Monarchen; das Wort eines Cimon, eines Valerius Publicola, eines Burke und Fox hat oft der Gewalt eines Heers gleich gewogen; Könige wie Alexander Trajan Karl der Große Alfred Gustav Adolf und Friedrich der Zweite werden in ihrer Bahn durch keine Verfassungen und Gesetze gehemmt: wann solche von der Natur zum Herrschen Berufene auftreten, schweigen die Gesetze. Wo die Starken und Gewaltigen aufstehen, da haben die Uebrigen nichts weiter zu thun als zuzuhören und Ja und Nein zu sagen; aber es bedeutet sehr viel und ist für sie und für den Staat schon viel gewonnen, wenn sie zuhören und Ja und Nein sagen dürfen. Laß den treuen und ehrlichen Bauer nur still sitzen und schweigen in der Versammlung und sich den meisten Gegenständen, die zur Sprache kommen, unterlegen fühlen. Das thut nichts; er wird schon aufmerken und Gedanken und Worte finden, wo seine Sachen mit verhandelt werden und wo sein Vortheil unmittelbar mit im Spiele ist. — Das aber däucht mir auch hier das Wichtigste und Wirksamste, daß das Recht der Stellvertretung und die Theilnahme an den öffentlichen Geschäften die Geister weckt und die Faulheit und Gleichgültigkeit aufrüttelt, wodurch die meisten Staaten untergegangen sind. Auch in einer Despotie kann durch einen weisen und guten Fürsten zuweilen fünfundzwanzig und dreißig Jahre der Schein eines Glückes seyn, aber das wahre Glück und das wahre Leben kann nur in dem Staate seyn, wo die Menschen immer den Bürger fühlen, wo sie dem Vaterlande und der Regierung lebendig angehören und lebendig Theil an ihnen nehmen. Was schadet es, daß viele sich einbilden, sie rathen herrschen und entscheiden mit? Nein, auch in dem freiesten

Staate sind der Herrschenden und Entscheidenden sehr wenige; aber durch diesen schönen nnd unschuldigen Wahn haben alle ihren Herrscher und ihr Vaterland lieber, werden alle von dem Kleinen und Einzelnen auf das Große und Allgemeine gerichtet, leben alle in einer geistigen und muthigen Bewegung, woraus so viele schöne Tugenden und Thaten keimen. Denn nur das kann man ein würdiges Leben und einen würdigen Staat nennen, wo alle ohne Unterschied wirken denken und streben und von dem Guten immer zu dem Besseren wollen.

Auf das Vierte: Die da meinen, der Bauer werde durch die Ehre, die man ihm beilegt, als Landstand mit aufzutreten und den öffentlichen Verhandlungen über die Angelegenheiten des Vaterlandes mit beizuwohnen, zum Uebermuth zur Hoffahrt und zum Ungehorsam und zur Widerspenstigkeit hinaufgetrieben, er werde ein unregierliches und unbändiges Thier, das sich einbilde nun der Herr zu seyn und den Herrn spielen zu können, irren sehr. Diese, welche so meinen, wissen nicht, wie die wahre Freiheit und Gesetzlichkeit auf den Menschen wirkt: daß sie ihn fester bescheidener ruhiger und gehorsamer macht; die Natur des Sklaven aber hat das mit sich, daß er immer unruhig und ungehorsam und übermüthig ist, sobald man ihm den Zügel schießen läßt. Das wird der Bauer freilich lernen bei dem neuen Verhältnisse und das soll er auch lernen, daß er der Herr seines Rechts ist; weiter den Herrn spielen und sich mit leeren Einbildungen kitzeln wird er nicht lernen. Denn eben hier am meisten wird er wohl fühlen, wo er den übrigen Männern an Einsicht und Durchsicht der Dinge nicht gewachsen ist, und so wird er sich selbst bescheiden und sich auf seine gebührliche Stelle setzen lernen. Der Bauer in Schweden ist ein freier und glücklicher Mensch und hat die Würde der Stellvertretung auf eine Weise, wie der Bauer sie fast bei keinem andern Volke in Europa genießt. Dieser Bauer aber ist der bescheidenste freundlichste hülfreichste und gehorsamste Mann und erkennt die Gewalt des Gesetzes und die Vorzüge, welche Geburt und Bildung dem Adel und den übrigen Klassen des Volks geben, auf das willigste und demüthigste an.

Auf das Fünfte: Dieser fünfte Grund gegen die Erhebung des ehrenwerthen Bauerstandes zum Landstand und Reichsstand könnte der allererheblichste seyn, wenn er überhaupt ein Grund wäre. Er ist aber ein leerer Schein, und wahrlich mehr zum Schein als aus zarter Sorge für Zucht und Sittlichkeit brauchen diejenigen ihn, welche damit auftreten. Bei der gegenwärtigen Menschenzahl und Entwickelung des gesellschaftlichen Zustandes in unserm Vaterlande, wie sie fast allenthalben sind, und bei den Ueberschwemmungen, womit alle Völker der Welt in den letzten zehn Jahren über uns hingeflossen sind, wohnt das Verderben und die Ueppigkeit nicht allein mehr in großen und größten Städten; es hat die kleinsten Städte und Flekken bezogen, ja es läßt sich sehr häufig schon in den Dörfern finden. Uebrigens will ich nur bemerken, daß die Stellvertreter des Bauerstandes wohl nicht Jünglinge jenes grünen Alters seyn werden, wo der Reitz der Lust und Ueppigkeit der gefährlichste ist. Das aber ist ein Hauptgrund, womit ich diesen gleißenden Scheingrund todtschlage, daß jeder Mensch, dessen Sinn auf etwas Höheres und Allgemeines gerichtet wird, grade in diesem höheren Streben gegen die meisten Verführungen und Laster die rechte Sicherheit hat. Wer unsere Heere der Jahre 1813 und 1814 mit den Kriegern von 1790 und 1800 vergleichen kann, versteht was ich meine.

Es ist ein schönes Gefühl, womit ich diese leichten und flüchtigen Bemerkungen schließe, das Gefühl, daß Gesetzlichkeit und Ordnnng nicht durch Wildheit und Unordnung, sondern durch stille Anerkennung der Nothwendigkeit und Gerechtigkeit die Völker segnen wird. Wer dem ersten und natürlichen Glücke und den ersten und natürlichen Tugenden seines Geschlechts nicht fremd ist, der muß sich freuen, wenn gleiches Recht und gleiche Ehre im Staate den Kleinen und den Großen widerfährt. Ich habe in Jemtland Helsingland und Ostgothland Bauern gesehen, wie ich sie bis jetzt in meinem Vaterlande nicht gefunden habe; könnten solche freie stolze und bescheidene Männer durch weise und gerechte Verfassungen in den untersten Klassen auch bei uns wieder gebauet werden, es wäre wohl eine schöne teutsche Herrlichkeit. Das erst ist ein rechter glücklicher Staat, wo jeder gern den Gesetzen gehorcht und von den Gesetzen geschirmt und geschützt wird; wo jedem seine Rechte bestimmt und von allen übrigen Mitbürgern anerkannt und geehrt sind; wo derjenige der beste Mann im Staate heißt, welcher allen andern zum Dienste der gehorsamste und bereitwilligste ist. Glückselig der Herrscher, der einen solchen Zustand einleiten und vorbereiten läßt! glückselig das Volk, in welchem die verschiedenen Stände, jeder seiner Rechte getrost und fröhlich, so neben einander, ja gegen einander stehen! Da müssen alle Tugenden der Mannheit der Zucht und der Tapferkeit blühen; da muß ein Geist den andern immer wecken und reitzen, eine Kraft die andere treiben und heben; da muß ein Stolz entstehen, der, von innen genährt und gepflegt, allen Gefahren, die von außen drohen können, überlegen ist; da ist die wahre Majestät bei dem Herrscher, das volle Glück bei den Beherrschten, bei allen aber das Bewußtseyn, daß sie gleich einer ehernen Mauer zusammengeschlossen sind, daß sie, einer für alle und alle für einen stehend, wohl erschlagen werden aber nicht besiegt werden können.

MIX

Papier | Fördert gute Waldnutzung

FSC® C083411

Kolibri 360 GmbH
Ferdinand-Jühlke-Straße 7
99095 Erfurt, Deutschland
produktsicherheit@kolibri360.de